DESARROLLANDO HABILIDADES EN SEGURIDAD INFORMÁTICA POR MEDIO DE OBJETOS EVALUATIVOS DEL APRENDIZAJE

DOUGGLAS HURTADO CARMONA

**DESARROLLANDO HABILIDADES EN SEGURIDAD INFORMÁTICA
POR MEDIO DE OBJETOS EVALUATIVOS DEL APRENDIZAJE**

Dougglas Hurtado Carmona

© **2012, Copyright de esta edición:**
Dougglas Hurtado Carmona
dougglash@yahoo.com.mx
dougglas@gmail.com

ISBN: 978-1-4716-5760-3

AGRADECIMIENTOS

A DIOS todo poderoso.

A los estudiantes que muy vivazmente, sin saberlo, participaron de este proyecto

AUTOR

DOUGGLAS HURTADO CARMONA

El autor es Ingeniero de Sistemas, Magíster en Ingeniería de Sistemas y Computación egresado de la Universidad del Norte de la ciudad de Barranquilla, Colombia. Además, ha complementado sus estudios con estudios complementarios en Minor en Administración y Seguridad de Sistemas de Información, Certificación Bureau Veritas en Auditor Interno de SGSI-ISO27001. Diplomados en Investigación Científica, Desarrollo de Aplicaciones para la Web, Seguridad Informática y Computación Forense y en Educación y Pedagogía.

Dentro de su rol profesional se ha destacado como Conferencista internacional, Ingeniero de seguridad informática, Director de proyectos de desarrollo de software, analista y programador de sistemas, administrador de proyectos de TI, en forma independiente ha asesorado a empresas, participando en la construcción de software.

En lo referente a la parte educativa cuenta con 14 años de experiencia docente Universitaria en las áreas de la Ingeniería de sistemas. Y además es investigador en los tópicos de la Seguridad Informática, Computación Forense, Teoría General de Sistemas y dinámica de sistemas para ingeniería de software y Teoría de Compiladores.

Dentro del campo de la investigación y desarrollo se destacan las investigaciones:

- "Análisis del desarrollo de competencias a partir de la utilización de la Enseñanza Asistida por Computador", la cual recibió Mención Especial en los PREMIOS ACOFI 2007

- "Metodología para el desarrollo de sistemas basados en objetos de aprendizaje"

Otros libros publicados son:

- Teoría General de Sistemas: un enfoque hacia la ingeniería de sistemas

- Análisis del desarrollo de competencias desde la enseñanza asistida por computador

En la actualidad dirige el Decanato de la Facultad de Ingeniería de la Fundación Universitaria San Martín sede Puerto Colombia, en la ciudad de Barranquilla, Republica de Colombia.

TABLA DE CONTENIDO

Capítulo

1

ACERCA DEL PROYECTO INVESTIGATIVO

INTRODUCCIÓN

Dentro del abanico de opciones para fortalecer los diversos procesos de aprendizaje en la educación superior a nivel mundial, se ha presentado en los últimos años, el uso de las tecnologías de los Objetos de Aprendizaje (OA) [Wiley, 2001], y especialmente en lo que hace referencia al trabajo independiente que debe realizar el estudiante en el proceso de formación profesional.

Muy a pesar que las tecnologías de objetos de aprendizaje se encuentran en vía de alcanzar un estado de madurez en su desarrollo [Friesen, 2001], su utilidad en los procesos de educación en todos los niveles y disciplinas es innegable y sobre todo valiosa.

Entre los aportes más significativos se encuentran su contribución al incremento del desarrollo de competencias (saberes, saber hacer y hacer) en un nivel mínimo de un 30%, cuando el estudiante se beneficia de un proceso de aprendizaje en el que se encuentre estructurado hacia la asistencia de las tecnologías TICs. [Hurtado Carmona, 2011a]

Siguiendo un camino un poco más técnico sobre base a la estructura modular de los objetos de aprendizaje [Wiley, 2006] y de la concepción que los objetos de aprendizaje pueden ser considerados como sistemas [Johansen, 1996], y en especial al concepto de "conjunto de partes (subsistemas) que interactúan para cumplir un objetivo" [Hurtado Carmona, 2011b], se puede delegar la función de la evaluación de las competencias adquiridas en un proceso de aprendizaje de manera exclusiva a una parte o subsistema, o a todo un objeto de aprendizaje completo, dependiendo de la complejidad de la evaluación. Estos objetos o subsistemas, denominados Objetos Evaluativos del Aprendizaje (OEA) [Hurtado Carmona, 2010c].

La evolución y especialización funcional de los objetos de aprendizaje se logra con el nacimiento de los Objetos Evaluativos del Aprendizaje. Y es en este contexto donde se desarrolla el presente proyecto, pretendiendo describir la funcionalidad de los Objetos Evaluativos del Aprendizaje, y los resultados de su utilización en los procesos de enseñanza de la temática de la Seguridad Informática.

El presente documento representa un extracto de los aspectos más importantes de la investigación desarrollada, la cual se presenta de la siguiente manera: Antes que nada, se enuncian algunos fundamentos concepto sobre los objetos de aprendizaje y de los objetos evaluativos del aprendizaje. Luego, su presentación y breve descripción de la problemática, después, los objetivos del trabajo, en seguida, los aspectos metodológicos; posteriormente, se describen los resultados obtenidos en la utilización de los objetos evaluativos del aprendizaje en la temática de la seguridad informática y computación forense en pregrado y en posgrado, por último se enuncian las conclusiones y los posibles trabajos futuros.

FUNDAMENTOS

Objetos de aprendizaje

En general se considera a un Objeto de Aprendizaje a "...elementos de un nuevo tipo de enseñanza basada en ordenadores cimentados en el paradigma orientado a objetos de las ciencias de la computación. La orientación a objetos valora en alto grado la creación de componentes (llamados objetos) que puedan ser reutilizados..." [Wiley, 2006]

Con lo anterior y con la necesidad de que el objeto de aprendizaje posea las cualidades de poder ser buscado, recuperado y reutilizado en distintos escenarios, se hace necesario que el objeto de aprendizaje se le describa por intermedio de un conjunto de *Metadatos.*

Un atributo esencial de los objetos de aprendizaje es el *tamaño*, ya que este atributo lo adecúa para poder ser usado como parte de una lección o módulo. Adicionalmente, también debe ser *Reutilizable,* que no es más que poseer la capacidad de ser usado en diferentes unidades o actividades de aprendizaje. Importante es que el objeto de aprendizaje sea *Accesible*, ya que beneficia al proceso de aprendizaje la facilidad con que se pueda localizar y su usabilidad. La característica de ser durable se refleja en que su mantenimiento debe ser bajo. E *Interoperable,* es poder usarlo en diversas plataformas tecnológicas, o en diferentes sistemas de administraclón de cursos [Arsham, 1995].

Una definición resumen de objetos de aprendizaje sería: "*...una entidad digital que permita realizar un proceso pedagógico de una mínima expresión de contenido formativo que involucre el objetivo, el desarrollo, la aplicación y la evaluación...*" [Hurtado Carmona, 2010c].

Objetos evaluativos del aprendizaje

Se define como Objeto Evaluativo del Aprendizaje (OEA) a *una entidad digital cuya función es evaluar las competencias interpretativas, argumentativas y propositivas alrededor de una temática sin importar como el estudiante ha realizado su proceso de aprendizaje.* [Hurtado Carmona, 2010c].

Como característica fundamental un objeto evaluativo del aprendizaje al formular los problemas o interrogantes debe ser impredecible y proteger la integridad de la evaluación. Igualmente, un objeto evaluativo del aprendizaje puede ser una entidad digital independiente o ser un componente de un objeto de aprendizaje al que se le ha encargado en forma exclusiva la evaluación.

Entre sus antecedentes más cercanos y a la vez lejano en cuanto a su concepción (primo en segundo grado), se tiene a los objetos evaluativos trabajados por Vitturini [Vitturini et al, 2005], que son un tipo especial de objetos de aprendizaje, que en esencia toman una entrada constituida, en su caso, por ejercicios prácticos resueltos por los estudiantes, y una salida clasificada en dos grupos, uno que superan los requerimientos mínimos y los que deben ser entregados nuevamente, de acuerdo al criterio de corrección fijado por el profesor.

La estructura de un objeto evaluativo del aprendizaje lo constituyen dos motores, uno, generador de problemas o preguntas, y otro, encargado de la evaluación de competencias. Adicionalmente, presenta un módulo encargado del monitoreo de eventos y de almacenar la información monitoreada en el archivo cifrado que contiene las respuestas del evaluado. [Hurtado Carmona, 2010c] A continuación se describen

1) *Motor generador de problemas o preguntas.* Conformado por algoritmos que utiliza una base de datos para generar dinámicamente preguntas y problemas coherentes. Estos algoritmos deben procurar que al realizar varias evaluaciones las preguntas generadas sen distintas cada vez o que por lo menos el número de colisiones sea muy bajo. Este motor no es simplemente tener un banco de preguntas y sacar algunas en forma aleatoria, sino generar las preguntas en forma coherente.

2) *Motor de evaluación de competencias.* Este motor consta de un algoritmo que registra y calcula los resultados obtenidos por el estudiante al resolver el cuestionario; y por rutinas encargadas de evaluar las competencias asociadas a como fue al estudiante el proceso para responder dichos problemas.

3) *Módulo de monitoreo de eventos.* Consiste en un conjunto de rutinas encargadas del cifrado de la evaluación y del monitoreo de las actividades del estudiante, al responder la prueba.

DESCRIPCIÓN DEL PROYECTO

Título del proyecto

El presente trabajo investigativo se ha titulado con el nombre de *Desarrollando habilidades en seguridad informática por medio de objetos evaluativos del aprendizaje.*

Resumen

En el presente trabajo se describe un tipo especial de objetos de aprendizaje, denominados Objetos Evaluativos del Aprendizaje (OEA), cuya función fundamental es la de evaluar las competencias y habilidades adquiridas a través de diferentes opciones de aprendizaje.

Simplificadamente, primero, se detalla la estructura y funcionalidades de los objetos evaluativos del aprendizaje, y en segundo, se analizan los resultados obtenidos al utilizar un objeto evaluativo del aprendizaje en el área de la Seguridad Informática.

Palabras clave

Desarrollo de habilidades, Seguridad Informática, Objeto Evaluativo del Aprendizaje, Objetos de Aprendizaje.

Entidad interesada

En forma directa las entidades interesadas corresponden a la Facultad de Ingeniería de la Fundación Universitaria San Martín sede Puerto Colombia de la ciudad de Barranquilla, República de Colombia; y el programa de Especialización en Seguridad Informática de la Universitaria de Investigación y Desarrollo –UDI de la ciudad de Bucaramanga, República de Colombia.

Además, este proyecto puede interesar a personas e instituciones que se encuentren involucradas con los procesos de evaluación y/o en el desarrollo de habilidades en el área de la Seguridad Informática como en otras áreas.

Tiempo estimado

El tiempo estimado para realización experimental del proyecto corresponde a nueve (9) semestres académico a partir del segundo del año 2006 hasta el segundo del año 2010, dentro de los cuales se procesa la información y se procede a documentar los resultados.

PROBLEMA DE INVESTIGACIÓN

Breve Descripción del Problema

Desde su comienzo, a mediados del 2005, el curso de profundización denominado *Minor en Seguridad Informática y Computación Forense* que se les imparte a los estudiantes del programa de Ingeniería de Sistemas de la Fundación Universitaria San Martín sede Puerto Colombia, se presentaba un "vacío evaluativo" al tratar de valorar las habilidades y competencias especiales adquiridas por los estudiantes en algunas de las asignaturas que lo componían.

En palabras simples, la evaluación de las habilidades convencionales estaba clara y bien direccionada, pero, el problema radicaba en cómo motivar al estudiante, sin darle la instrucción cuando es evaluado, a proponer soluciones creativas diferentes rompiendo esquemas tradicionales, siendo esto necesario para el gran éxito y diferenciador de un profesional en el área de la seguridad de la información.

Lo anterior puede ser el producto, entre otras situaciones, a las siguientes:

Castración de la creatividad en los estudiantes a Temprana edad: Aunque parezca mentira, la creatividad de una persona se mutila por el tipo de educación que recibimos desde la temprana edad, en donde, se les inculca a los estudiantes a "pensar" de acuerdo con los lineamientos de la escuela, la familia, el país; reprimiendo así, los impulsos creativos innatos. Al limitar la creatividad, se asegura que las instituciones y modelos no se derrumben. Recordemos el caso de Galileo Galilei.

Falta de autoestima de estudiante frente a sus obligaciones: Un bajo autoestima y un sentimiento de "no creer en mí mismo" es el origen de hacer las cosas por salir del paso y no con verdadera vocación. Poco a poco la falta de auto estima genera una flojera y falta de bríos en el estudiante a la hora de realizar las actividades propias en su proceso de aprendizaje.

Efectivamente, el estudiante de ingeniería (y de otras profesiones) al ser privados de potenciar su creatividad en la solución de problemas, se encontraría en desventaja en referencia a su desempeño laboral.

Formulación del Problema

El presente proyecto busca responder el siguiente cuestionamiento:

¿Cómo motivar la creatividad del estudiante al ser evaluado por medio de objetos evaluativos del aprendizaje para desarrolle habilidades que le permitan proponer soluciones que rompa con los esquemas tradicionales en el área de la Seguridad Informática?

JUSTIFICACIÓN

El presente proyecto pretende analizar la utilización de los objetos evaluativos del aprendizaje en la evaluación del desarrollo de habilidades el área de la seguridad informática en los estudiantes de educación superior, así como también sus aspectos asociados.

Asimismo, este proyecto proyecta la motivación del estudiante por medio de objetos evaluativos del aprendizaje buscando desarrollar las habilidades propias que le posibiliten plantear soluciones creativas inusuales en el área de la Seguridad Informática.

Este análisis de los resultados permitirá a la parte académica, y en especial a los profesores, mostrar las ventajas de la utilización de los objetos evaluativos del aprendizaje, para integrar este componente a su cultura educativa, con el propósito de motivar la creatividad de los estudiantes, pensando en el desarrollo profesional de los mismos.

Además, se pretende incentivar la creación y el uso de los objetos evaluativos del aprendizaje en distintas disciplinas.

OBJETIVOS

El Objetivo General que se pretende cumplir en el presente trabajo se enuncia de la siguiente manera:

Analizar la utilización de los objetos evaluativos del aprendizaje en la evaluación del desarrollo de habilidades el área de la seguridad informática en los estudiantes de educación superior con el fin de motivar la creatividad de éstos para que desarrolle destrezas que le permitan proponer soluciones que rompa con los esquemas tradicionales.

Con el fin de acometer con el objetivo general anteriormente descrito se deben cumplir las siguientes metas:

- *Definir los tópicos de Seguridad Informática que servirá como base para la realización del Objeto evaluativo del aprendizaje.*
- *Construir el objeto evaluativo del aprendizaje a ser utilizado.*
- *Diseñar los instrumentos de recolección de información.*
- *Seleccionar la muestra experimental.*
- *Aplicar los instrumentos de recolección de información a la muestra seleccionada.*
- *Analizar los resultados con el fin realizar gráficas ilustrativas*

HIPÓTESIS DEL PROYECTO

Tipo de Hipótesis

Teniendo en cuenta que el presente proyecto se encuentra enmarcado en observar, en parte, el comportamiento de los estudiantes al ser motivados a utilizar su creatividad cuando son evaluados por el Objeto evaluativo del aprendizaje; y complementariamente en percibir y determinar la relación de influencia del uso de la creatividad al solucionar problema en el desarrollo de habilidades en el área de la Seguridad Informática, podemos ciertamente afirmar que el tipo de Hipótesis es **Causal.**

Enunciado de la Hipótesis

En el marco del objetivo que se busca con la presente investigación es necesario saber si se puede aceptar la siguiente hipótesis:

H1: *La motivación del uso de la creatividad por medio del uso de objetos evaluativos del aprendizaje influye en el desarrollo de destrezas y habilidades que permitan al estudiante proponer soluciones no tradicionales a problemas en el área de la Seguridad Informática.*

VARIABLES

Descripción de Variables

En el presente proyecto se proponen las siguientes Variables: *Utilización de la creatividad y Desarrollo de habilidades*, las cuales se describen a continuación:

Variable Utilización de la creatividad

La Variable Utilización de la creatividad representa la determinación del estudiante de usar la creatividad para resolver problemas. Esta variable presenta un comportamiento del tipo "Influye en" que le define su carácter de **Independiente.** Su dimensión es Evaluación en el área de la Seguridad Informática. Presenta un único indicador denominado **Uso,** que toma valores Booleanos (Verdadero o Falso).

Variable Desarrollo de habilidades

Esta variable describe el estado del desempeño de los conocimientos, habilidades, destrezas y valores; resultado de los procesos de aprendizaje de una determinada actividad profesional en Seguridad Informática. La variable Desarrollo de habilidades presenta tres (3) dimensiones, a saber:

- *Interpretativa:* Hace referencia en alcanzar logros basados en la capacidad de encontrar el sentido ya sea a un texto, de una proposición, de un problema, etc.

- **Argumentativa**: Basada en el alcance de logros con orientación a dar razón de una afirmación, articular conceptos y teorías para sustentar, justificar, establecer relaciones, demostrar y concluir.
- **Propositiva:** Cimentada en logros tales como: proponer hipótesis, solucionar problemas y construir alternativas de solución.

Las dimensiones de la variable Desarrollo de habilidades presenta dos indicadores relacionados, el primero llamado **valor** y el segundo denominado **proporción.**

- Indicador **valor:** Presenta valores decimales positivos.

- Indicador **proporción:** Presenta valores decimales dentro del intervalo de 0 a 1, que son el resultado de la división entre número de aciertos correctos y la cantidad de pruebas. Los intervalos de las valoraciones cualitativas de este indicador son:

> **Deficiente**:   [0%-59%]
> **Aceptable**: [60%-79%]
> **Bueno**:   [80%-90%]
> **Excelente**: [91%-100%]

Operacionalización de Variables

En la Tabla 1 se describe el proceso de operacionalizar las variables, teniendo en cuenta sus dimensiones y sus correspondientes indicadores:

TABLA 1.   OPERACIONALIZACIÓN DE VARIABLES

Variables	Dimensión	Indicadores
Utilización de la creatividad	Evaluación en el área de la Seguridad Informática	Uso
Desarrollo de Habilidades	1. Interpretativa	Valor Proporción
	2. Argumentativa	Valor Proporción
	3. Propositiva	Valor Proporción

DISEÑO METODOLÓGICO

Diseño Adoptado

El diseño de la investigación es **Experimental,** ya que deliberadamente se induce a la creación del fenómeno que se va a estudiar, esto al crear la necesidad en los estudiantes a buscar otras formas de dar solución cuando éste es evaluado (activación de la variable independiente **Utilización de la creatividad**) y, además, se controla el ambiente y todo aquello que puede influir en el fenómeno; y todo, con el fin de observar el comportamiento de la variable dependiente, la denominada **Desarrollo de habilidades.**

Tipo de Investigación

A partir de las pretensiones del presente proyecto, que radican en obtener conocimientos y principios básicos, orientados de establecer un punto de partida de la solución de problemas, podemos decir que el tipo de Investigación es **Básica**.

Técnicas de Recolección de Información

Técnicas de Recolección de Información Primaria

La fuente de recolección primaria que se utilizará en el presente proyecto es un **objeto evaluativo del aprendizaje**.

Descripción del instrumento utilizado

El Objeto Evaluativo del Aprendizaje utilizado se denomina **OEASegInf** y fue desarrollado bajo la plataforma .Net, utilizando interfaz visual de usuario inspirada en LCARS (interfaz ficticia del sistema operacional de las naves espaciales de la franquicia StarTrek y popularizada por lcarscom.net). Un vistazo a la interfaz del Objeto Evaluativo del Aprendizaje se puede apreciar en la Figura 1.

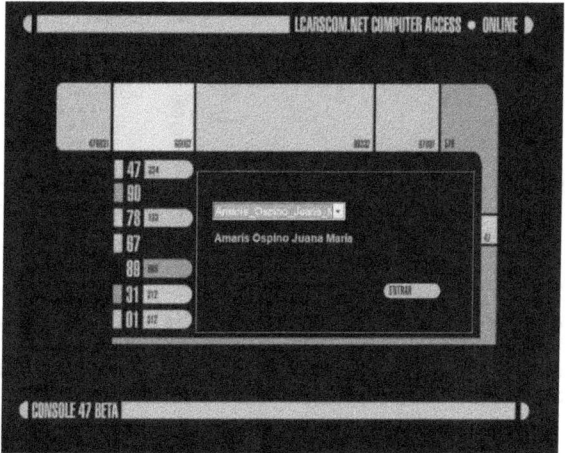

FIGURA 1. Pantalla de selección de usuario de OEASegInf

OEASegInf se encuentra estructurado, primero, por un *motor generador de problemas,* el cual se encuentra basado en las leyes de Morgan, y en reglas de verificación sintáctica y semántica en lo que se refiere al enunciado de los problemas. Siendo capaz de crear 7x20x6 problemas; construyendo cuestionarios de 9 preguntas de $_{840+9-1}C_9$ combinaciones, donde $_nC_k = n! /(k! (n-k)!)$ [Johnsonbaugh, 2005].

En segunda instancia, lo conforma también, un *motor de evaluación de competencias,* el cual se encarga de registrar las respuestas del estudiante, las evalúa, almacenando la información recolectada en un archivo cifrado; y además, con el fin de registrar el desarrollo de las competencias propositivas adicionales, también registra, entre otros, los siguientes eventos:

- *Captura de pantalla (printscreen).* Algunos estudiantes capturan la pantalla para guardar una imagen de las preguntas que el OEA les hace. Lamentablemente para ellos la probabilidad de repetición de cuestionarios es muy baja.
- *Intentos de Craqueo de software (software cracking).* Se fundamenta en el hecho de modificar el código binario del instrumento para que evalúe cualquier respuesta que se seleccione como correcta. Sin embargo, el instrumento posee un método que es capaz de decir si fue víctima de esta técnica o no.
- *Intentos anteriores de solución.* De igual manera, el instrumento registra las soluciones anteriores y las veces que se ha realizado la prueba.

Se completa la estructura del objeto evaluativo del aprendizaje con el *Modulo de monitoreo de eventos.* Como su propio nombre lo indica, este módulo tiene la tarea de monitorear los eventos y de generar un archivo que contendrá la identificación del estudiante, las respuestas al examen y los datos de monitoreo de eventos. Este módulo utiliza, a su vez, un método de cifrado para proteger la información contenida en el archivo, y adicionalmente, le coloca una firma de protección, para aumentar la seguridad del archivo, ya que si se logra descifrar el contenido del archivo (romper el cifrado) y generar un archivo ficticio con información no real, queda la opción de que verificar la firma de protección, en palabras simples, se tienen dos capas de seguridad. A continuación se muestra un ejemplo del contenido del archivo cifrado.

Æ´òN©®«µí-.<ºzbzEi□:dxü±´~¿w=†1ï^•□º¦□K0»ªKÇÃIÞ"]£Úœ€"2DU·C€+66's3:ÉááÒ„´_¢ŒÅÈRž×ÅÍŽq□×Á
ÂiÀY6-di÷¹ÅN‹• Ïþsù-f¼£¨»wP9Ÿ>T§ŸÄ¿ZŽ¼æ¼iÛÔG¢~f€éiKjâ¯¿p6†p>ƒÅ¥²ÔËdŽÔ–
+¤â`Û>¥ÃVõe2ZUá¥3¼ÞŸ¨iÉ_š`¬st XãuiW□$MyäŠIÀk@¥¨î¥•òP^v0OÀòÂH-
¦_qa¶é:aXË@È‰‰‰‰‰‰‰‰‰‰‰‰‰‰‰‰‰‰‰‰‰‰‰‰}ƒ{|…{~||„l}~†□□†□l¼z¹z‰‰‰
‰‰‰‰‰‰‰‰‰‰‰‰‰‰‰‰‰‰‰‰‰‰‰‰‰‰ÈYV'»¾¹~YVÈ‰‰‰‰‰‰‰‰‰‰‰‰‰‰‰‰
‰‰‰‰‰‰‰‰‰‰‰‰‰‰‰‰‰‰‰‰‰‰‰‰‰‰‰‰‰‰‰‰‰‰‰‰
‰‰‰‰‰‰‰‰‰‰‰‰‰ÈYVI§œž•š Ÿ□ž"š©§˜±²À□¸µ¯·©§œž•š Ÿ□ž"š©§˜±²À□¸µ¯·©§œž•š Ÿ□ž"š
©§˜±²À□¸µ¯·©§œž•š Ÿ□ž"š©§˜±²À□¸µ¯·©§œž•š Ÿ□ž"š©§˜±²À□¸µ¯·©§œž•š Ÿ□ž"š©§˜±²À□¸µ¯·©§œž
•š Ÿ□ž"š©§˜±²À□¸µ¯·©§œž•š Ÿ□ž"š©§˜±²À□¸µ¯·©§œž•š Ÿ□ž"š©§˜±²À□¸µ¯·©§'□©

Uso del instrumento (Objeto evaluativo del aprendizaje)

El objetivo del uso del instrumento consiste en evaluar al estudiante que se encuentra cursando un módulo o asignatura en donde se han impartido los temas que corresponden a las competencias propositivas que se desea evaluar, referentes a la temática de seguridad informática; sea en el curso de profundización (pregrado) o en la especialización (posgrado). Conjuntamente, para evaluar las competencias interpretativas y argumentativas se asigna para lectura o documentación sobre los temas asociados.

El procedimiento para usar el instrumento es el siguiente: Primero que todo, el estudiante debe estudiar los documentos asignados para prepararse para la prueba. El instrumento lo descarga del sitio web destinado para ello (puede ser una plataforma de aprendizaje como lo es moodle) o es enviado por correo electrónico. En seguida, el estudiante lo instala en su computador, y realiza el examen cuantas veces lo desee. Luego cuando considere que ha hecho el mejor de todos lo envía el(los) archivo(s) de respuestas generados por el OEA al docente. Usualmente se le solicita al estudiante que envíe los cinco (5) archivos de resultados a su discreción. Hay que aclarar que el objeto evaluativo del aprendizaje no le informa nada sobre su evaluación al estudiante, sólo se limita a notificar que se ha creado un archivo de respuestas que debe enviar al docente.

De manera insistente se inserta en el ambiente de la evaluación un alto nivel de estrés, para tratar de generar las iniciativas propositivas de los estudiantes, más concretamente para que los estudiantes usen las técnicas impartidas en clase. Este estrés se logra asignando un tiempo muy limitado para responder cada pregunta, el cual oscila en 30 segundos. Una vez terminado ese tiempo se pasa a la siguiente pregunta; y sin darnos cuenta el examen ha finalizado en menos de cinco (5) minutos. Ver Figura 2.

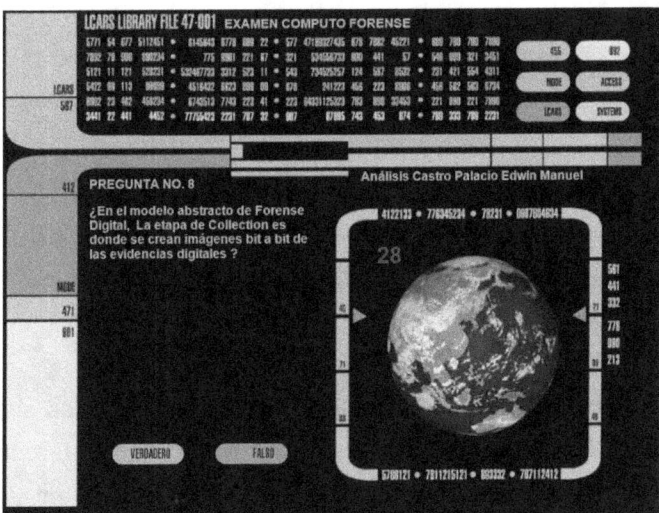

FIGURA 2. Pantalla evaluación

Objetivo de OEASegInf

Básicamente el objetivo del objeto evaluativo del aprendizaje no es responder las preguntas formuladas, sino, buscar la forma de ganar tiempo para poder responder las preguntas adecuadamente, o mejor dicho, burlar la seguridad del objeto evaluativo del aprendizaje. Lo anterior es producto del diseño del instrumento, ya que el cuestionario de problemas está diseñado de tal manera que es muy difícil contestarlo sin la aplicación de una técnica estudiada en el curso, que a la postre es motivar a la creatividad de los estudiante para solucionar problemas.

Competencias a evaluar

En concordancia con la orientación del proceso evaluativo adoptado, el cual se centra en las competencias del tipo interpretativas, argumentativas y propositivas. Las capacidades que se evalúan están orientadas a interpretar, analizar y articular los conceptos, herramientas, técnicas y contramedidas que son necesarias para proteger la información de una organización ante cualquier atacante informático. Adicionalmente, proponer e intentar utilizar las técnicas de ataque con el fin de evadir los controles de la prueba evaluativa.

En el ejercicio realizado se contempla, en primer lugar, abordar tres técnicas esenciales con el fin de evaluar las competencias interpretativas y argumentativas a saber: seguir el rastro, la exploración y la enumeración. Estas técnicas se describen a continuación.

1) *Seguir el rastro.* Se fundamenta en recopilar información sobre el objetivo de un atacante. Crear un perfil completo de la política de seguridad adoptada en una empresa. Utilizando una combinación de herramientas y de técnicas, los atacantes pueden adquirir una cantidad ilimitada de información y esquematizarla en nombres de dominio, bloques de redes, direcciones IP individuales y sistemas conectados directamente a Internet. Este procedimiento se hace necesario para asegurar de forma sistemática y metódica la identificación de toda información siendo referentes a las tecnologías. [McClure et al, 2010]

2) *Exploración.* La exploración es equivalente a identificar los sistemas que se encuentran activos y disponibles ante cualquier ataque. Con las técnicas propias de la Exploración se permite a los atacantes determinar los sistemas que se encuentren activos y cuales se pueden atacar de manera más fácil.

3) *Enumeración.* La Enumeración involucra la conexión activa a los sistemas objetivos con las respectivas peticiones estructuradas a los mismos. De allí que la información que un intruso busca con la enumeración se puede clasificar dentro de las siguientes categorías: Recursos de red y recursos compartidos; Usuarios y grupos; Aplicaciones y mensajes. [McClure et al, 2010]

4) *Modelos de Procedimiento de investigación de Forense Digital.* Descripción de los procedimientos de investigación en forense digital. Presentación de los diferentes modelos de procedimiento de investigación. Descripción de sus etapas, sus ventajas y desventajas, y demás conceptos asociados. [Baryamureeba and Tushabe, 2004] [Yong-Dal Shin. 2008]

Complementariamente, se seleccionan como *competencias adicionales* a evaluar algunas del tipo propositivas, a saber: Craqueo de software (software cracking), ingeniería social y el criptoanálisis.

5) *Craqueo de software.* Consiste en la modificación del software para quitar o burlar los métodos de protección contra copias no autorizadas, cambios de una versión de evaluación (trail/demo) a una completa, entre otros. Entre las técnicas utilizadas en el craqueo de software, se encuentran el desensamblado y la ingeniería inversa, las cuales son de gran ayuda a la hora de modificar las instrucciones del código binario para que el software haga lo que el atacante quiera. En esencia es reprogramar a un software.

6) *Ingeniería social.* La Ingeniería Social es el arte de persuadir con engaño a las personas para que, casi sin darse cuenta, den informaciones vitales a un desconocido. [Kevin Mitnick, 2006] También se considera como todas aquellas conductas útiles para conseguir información de las personas cercanas a una computadora, sin que ellas se den cuenta que están revelando información valiosa que comprometa la seguridad de un sistema. La ingeniería social es una forma de hacking muy eficaz, ya que presenta una efectividad cercana al 100%.

7) *Criptografía.* La Criptografía se conoce como el arte de la comunicación secreta, en donde se transforma un *texto en claro* (Mensaje) por medio de una función parametrizable por una clave dando como resultado un *texto cifrado* (Criptograma). A este conjunto se le denomina CriptoSistema.

El Criptoanálisis por su parte se encarga de 'quebrar' a los criptosistemas. Para ello utiliza diferentes técnicas con el fin de hallar el texto en claro que corresponde a un criptograma específico [Caballero Pino, 2003]. El criptoanálisis en muchas ocasiones no depende del conocimiento del algoritmo de cifrado, sino a sistemas de aproximación matemática que puede descubrir el texto en claro o la clave. Por ello, la dificultad que presenta un proceso de criptoanálisis depende exclusivamente de la información disponible, en donde, a menor información mayor dificultad en el proceso de criptoanálisis.

Población y Muestra

La población la constituyen los estudiantes que cursaron la asignatura Sistemas y metodologías de control de acceso, tanto del curso de profundización en Seguridad Informática y Computación Forense de la Fundación Universitaria San Martín sede Puerto Colombia (FUSM) en la ciudad de Barranquilla-Colombia, como de la Especialización en Seguridad Informática de la Universitaria de Investigación y Desarrollo (UDI) en la ciudad de Bucaramanga-Colombia

La muestra que se tomó corresponde a 404 estudiantes se encuentra constituida de la siguiente forma:

TABLA 2.   ESTRUCTURA DE LA MUESTRAS

PERIODO	INSTITUCIÓN	CANTIDAD
2006-2	FUSM	53
2007-1	FUSM	45
2007-2	FUSM	36
2008-1	FUSM	21
2008-2	FUSM	22
2009-1	FUSM	19
2009-2	FUSM	27
2010-1	FUSM	20
2010-2	FUSM	17
2008-1	UDI	20
2008-2	UDI	25
2009-1	UDI	24
2009-2	UDI	27
2010-1	UDI	23
2010-2	UDI	25

Procesamiento de la Información

Para el procesamiento de la información se tendrá en cuenta las siguientes consideraciones:

1. Todos los estudiantes matriculados en cada semestre académico serán tomados como parte de la muestra.
2. El instrumento será aplicado a cada estudiante de la muestra.
3. Después de obtener los datos se clasificarán y se tabularán
4. Se utilizará el procedimiento de prueba de hipótesis.
5. Los resultados serán mostrados en forma gráfica.

DELIMITACIÓN

Delimitación Conceptual

La temática a tratar en el experimento hace referencia a los tópicos de Seguridad informática en especial a los siguientes ítems descritos en la Tabla 3:

TABLA 3.   DELIMITACIÓN CONCEPTUAL

FUNDAMENTOS DE SEGURIDAD INFORMÁTICA [Alexander, 2007] [Mann, 2011]

- Fundamentos de Seguridad Informática
- Políticas de seguridad de la información
- Seguridad física, lógica y locativa

SISTEMA Y METODOLOGÍAS DE CONTROL DE ACCESO [Durán, 2010] [Hadnagy, 2011] [Zemanek, 2004] [Long, 2004]

- Fundamentos de Control de acceso
- Control de acceso teleinformático
- Control de acceso a bases de datos
- Control de Acceso mediante la Ingeniería social
- Control de acceso al software
- Nuevas tendencias de control de acceso

COMPUTACIÓN FORENSE   [Cano, 2009] [NIJ, 2001] [NIJ, 2008] [Casey, 2009] [Baryamureeba and Tushabe, 2004] [Yong-Dal Shin. 2008]

- Introducción al cómputo forense
- Modelos de cómputo forense
- Técnicas de recolección de información y evidencias digitales
- Herramientas en cómputo forense

CRIPTOGRAFÍA [Maiorano y Fernández, 2009] [Caballero Pino, 2003]

- Fundamentos de criptografía
- Criptografía simétrica
- Criptografía asimétrica
- Procesos y procedimientos de Criptoanálisis

SEGURIDAD DE REDES [Zemanek, 2004] [McClure et al, 2010] [Hadnagy, 2011]

- Técnicas de ataque
- Técnicas de defensa
- Técnicas de seguir el rastro, exploración y enumeración
- Seguridad en aplicaciones y del software
- Ingeniería social

Delimitación Espacial

El presente proyecto se llevó a cabo en la Facultad de Ingeniería de la Fundación universitaria San Martín Sede Puerto Colombia en la Ciudad de Barranquilla y en la Universitaria de Investigación y Desarrollo UDI en la ciudad de Bucaramanga, Republica de Colombia.

Capítulo 2

RESULTADOS DEL PROCESO INVESTIGATIVO

PRESENTACIÓN DE LA INFORMACIÓN RECOLECTADA

Las pruebas se realizaron a un total de 404 estudiantes de educación superior, 260 de pregrado y 144 de especialización, que cursaron asignaturas en el área de seguridad informática, tanto del Curso de profundización (Minor) en Seguridad Informática y Computación Forense de la Fundación Universitaria San Martín sede Puerto Colombia (FUSM) en la ciudad de Barranquilla, como en la Especialización en Seguridad Informática impartida en la Universitaria de Investigación y Desarrollo (UDI) en la ciudad de Bucaramanga.

Las pruebas fueron realizadas en el período comprendido desde el segundo semestre del 2006 hasta el segundo del 2010. El perfil del personal evaluado lo conforman en su mayoría ingenieros titulados y candidatos a grado en ingeniería de sistemas. Una minoría, menor al 2%, lo constituyen ingenieros electrónicos y otras profesiones. En la tabla 4 se muestra la clasificación por nivel de educación y por periodo:

TABLA 4.   DESCRIPCIÓN DE PARTICIPANTES

FUSM (Pregrado)		UDI (Especialización)	
PERIODO	CANTIDAD	PERIODO	CANTIDAD
2006-2	53	2008-1	20
2007-1	45	2008-2	25
2007-2	36	2009-1	24
2008-1	21	2009-2	27
2008-2	22	2010-1	23
2009-1	19	2010-2	25
2009-2	27	Total	144
2010-1	20		
2010-2	17		
Total	260		

Datos obtenidos por intermedio del instrumento

Con la utilización de OEASegInf se encuentra que además de proporcionar un ambiente virtual para la evaluación, motiva al desarrollo de las competencias colocando problemas difíciles que son solucionados en base a la experiencia, esto se describe en la Tabla 5.

TABLA 5.   DESARROLLO DE HABILIDADES

Periodo	Institución	No. Estudiantes	Promedio realización exámenes	Promedio Avances preguntas correctas	Promedio de diferencia	Porcentaje promedio
2006-2	FUSM	53	7,5	4,49-7,43	2,94	65%
2007-1	FUSM	45	6,0	2,28-5,95	3,67	161%
2007-2	FUSM	36	6,5	2,00-6,88	4,88	244%
2008-1	FUSM	21	6,4	5,19-6,61	1,42	27%
2008-1	UDI	20	7,0	4,80-7,05	2,25	47%
2008-2	UDI	25	6,0	2,48-6,00	3,52	142%
2008-2	FUSM	22	5,0	3,77-6,41	2,64	70%
2009-1	FUSM	19	5,2	3,00-6,78	3,78	126%
2009-1	UDI	24	4,5	3,25-6,90	3,65	112%
2009-2	FUSM	27	2,1	2,92-5,18	2,26	77%
2009-2	UDI	27	3,5	3,18-6,67	3,49	110%
2010-1	FUSM	20	3,4	3,15-5,43	2,28	72%
2010-1	UDI	23	6,4	2,87-6,00	3,13	109%
2010-2	FUSM	17	5,3	2,88-5,53	2,65	92%
2010-2	UDI	25	6,6	3,04-6,32	3,28	108%
Promedios		**27**	**5,4**	**3,29-6,34**	**3,06**	**93%**

ANÁLISIS DE LAS COMPETENCIAS

Analizando los datos presentados en la Tabla 5, se encuentra que los estudiantes se sienten seguros de haber realizado un buen examen cuando lo ha repetido en promedio 5 veces (5.4), logrando un avance real de casi del doble en respuestas correctas al pasar de un promedio de 3.29 a 6.34 representando un incremento del 93%. Juntamente, al rendimiento le ocurre algo parecido ya que se pasa de un 36.5% (3.29/9) a un 70.5% (6.34/9) en el período examinado.

Lo anterior muestra un avance significativo del desarrollo de las competencias interpretativas y argumentativas, en especial en las capacidades de interpretar y articular conceptos. Más específicamente en las técnicas y contramedidas aplicadas a incidentes. Lo anterior se muestra en la Figura 3.

También se observa que existe una tendencia a un avance de mejora en las respuestas correctas, en un nivel alrededor del doble. Esto se observa a nivel general en los estudiantes, ya sean de pregrado o de especialización. Dicha tendencia se muestra en forma más clara en la Figura 4.

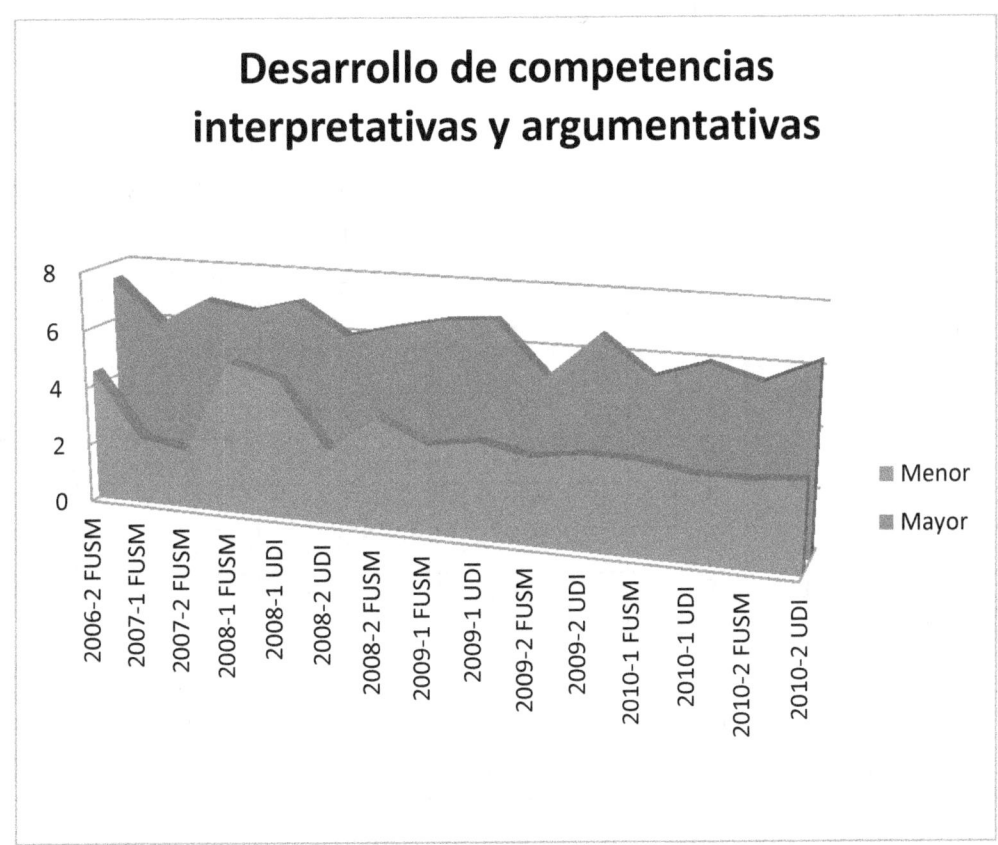

FIGURA 3. Desarrollo de competencias interpretativas y argumentativas

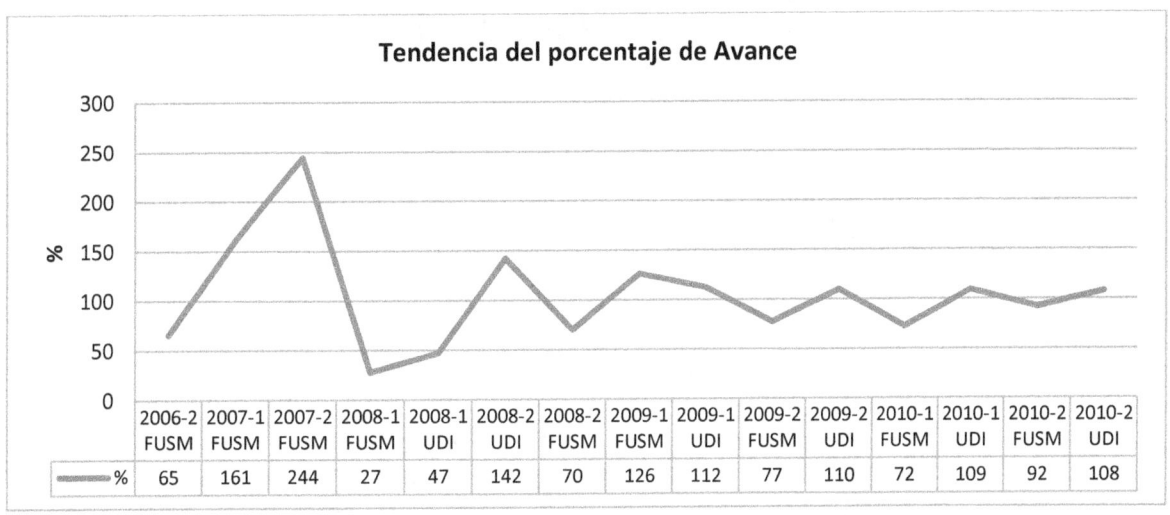

	2006-2 FUSM	2007-1 FUSM	2007-2 FUSM	2008-1 FUSM	2008-1 UDI	2008-2 UDI	2008-2 FUSM	2009-1 FUSM	2009-1 UDI	2009-2 FUSM	2009-2 UDI	2010-1 FUSM	2010-1 UDI	2010-2 FUSM	2010-2 UDI
%	65	161	244	27	47	142	70	126	112	77	110	72	109	92	108

FIGURA 4. Porcentaje de avances de todos los estudiantes

Competencias a nivel de pregrado

Si tomamos solamente los datos de los estudiantes en el nivel de pregrado (Tabla 6), se observa que este tipo de estudiante tiende a hacer, también, el examen 5 veces (5.3) en promedio. Logrando tendencia grupal de avances en obtención de respuestas correctas en cerca del doble. En la Figura 5 se muestra la tendencia.

TABLA 6.   DESARROLLO DE HABILIDADES EN PREGRADO

Periodo	Institución	No. Estudiantes	Promedio realización exámenes	Promedio Avances preguntas correctas	Promedio de diferencia	Porcentaje promedio
2006-2	FUSM	53	7,5	4,49-7,43	2,94	65%
2007-1	FUSM	45	6,0	2,28-5,95	3,67	161%
2007-2	FUSM	36	6,5	2,00-6,88	4,88	244%
2008-1	FUSM	21	6,4	5,19-6,61	1,42	27%
2008-2	FUSM	22	5,0	3,77-6,41	2,64	70%
2009-1	FUSM	19	5,2	3,00-6,78	3,78	126%
2009-2	FUSM	27	2,1	2,92-5,18	2,26	77%
2010-1	FUSM	20	3,4	3,15-5,43	2,28	72%
2010-2	FUSM	17	5,3	2,88-5,53	2,65	92%
Promedios		**29**	**5,3**	**3,30-6,24**	**2,95**	**89%**

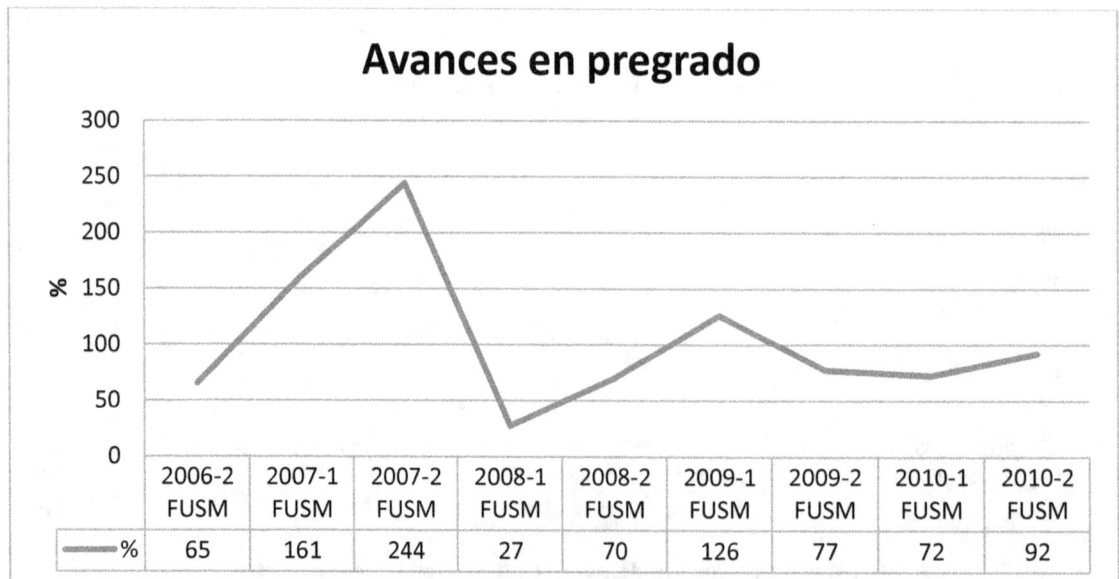

FIGURA 5. Porcentaje de avances en pregrado

Competencias a nivel de especialización

El comportamiento de los estudiantes de especialización es muy parecido al de pregrado y al general. Se destacan las mismas tendencias de avances y el promedio de avance alcanza el 93%. Los datos de los estudiantes de especialización se muestran en la Tabla 7 y sus tendencias de avances se ilustran en la Figura 6.

TABLA 7. DESARROLLO DE HABILIDADES EN ESPECIALIZACIÓN

Periodo	Institución	No. Estudiantes	Promedio realización exámenes	Promedio Avances preguntas correctas	Promedio de diferencia	Porcentaje promedio
2008-1	UDI	20	7,0	4,80-7,05	2,25	47%
2008-2	UDI	25	6,0	2,48-6,00	3,52	142%
2009-1	UDI	24	4,5	3,25-6,90	3,65	112%
2009-2	UDI	27	3,5	3,18-6,67	3,49	110%
2010-1	UDI	23	6,4	2,87-6,00	3,13	109%
2010-2	UDI	25	6,6	3,04-6,32	3,28	108%
Promedios		**27**	**5,4**	**3,29-6,34**	**3,06**	**93%**

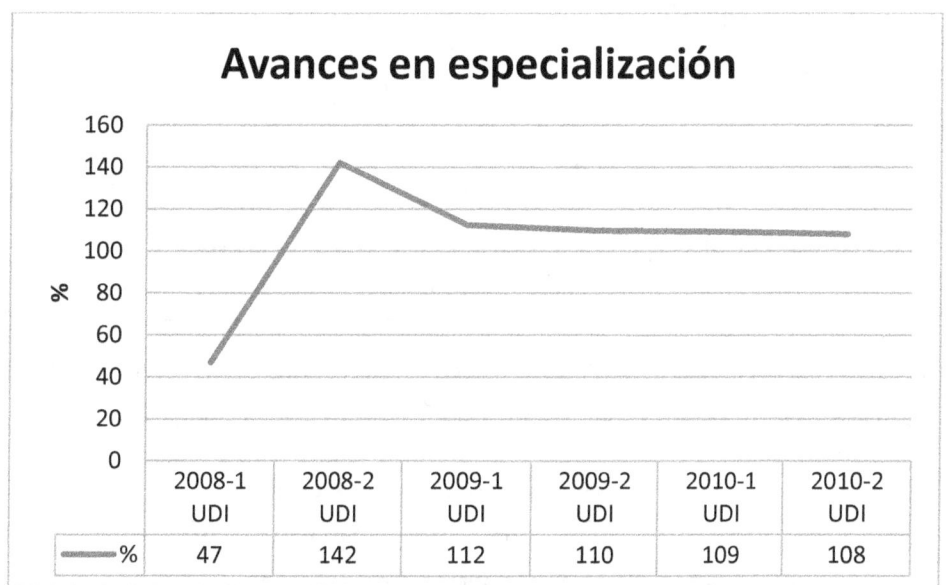

FIGURA 6. Porcentaje de avances en especialización

Análisis de las competencias Propositivas

En el presente proyecto se busca **romper con paradigmas** a partir del desarrollo de las competencias propositivas en los estudiantes. Con lo anterior se pretende formar ingenieros expertos en seguridad informática que den soluciones a los problemas de manera diferente, utilizando en forma práctica lo aprendido.

En el análisis puntal se destaca el alto intento, cerca del 63% de los estudiantes, de **capturas de pantalla** de los problemas con el fin de eliminar la variable del tiempo y poder resolver el problema con las fuentes bibliográficas al alcance. En la Tabla 8 se detalla el resumen de las capturas de pantalla.

TABLA 8.   ANÁLISIS DE CAPTURAS DE PANTALLA

Periodo	Institución	No. Estudiantes	Capturas de pantalla
2007-1	FUSM	45	3/45 = 7%
2007-2	FUSM	36	30/36 = 84%
2008-1	FUSM	21	21/21 = 100%
2008-1	UDI	20	17/20 = 85%
2008-2	UDI	25	20/25 = 80%
2008-2	FUSM	22	22/22 = 100%
2009-1	FUSM	19	12/19 = 63%
2009-1	UDI	24	15/24 = 63%
2009-2	FUSM	27	23/27 = 85%
2009-2	UDI	27	27/24 = 100%
2010-1	FUSM	20	10/20 = 50%
2010-1	UDI	23	17/23 = 74%
2010-2	FUSM	17	15/17 = 88%
2010-2	UDI	25	21/25 = 84%
		Totales	**253/404 = 62.6%**

Por tipo de estudiante se encuentra una diferencia de 29 puntos porcentuales en la preferencia de esta herramienta de los estudiantes de especialización sobre los de pregrado. Se detalla en la Tabla 9.

TABLA 9.   CAPTURAS DE PANTALLA POR NIVEL

Tipo de estudiante	No. Estudiantes	Capturas de pantalla	Porcentaje
Pregrado	260	136	52.3%
Especialización	144	117	81.3%

En términos generales la captura de pantallas es la más popular entre los estudiantes, tanto de pregrado como de especialización, como forma para ampliar el tiempo para responder cada pregunta ya que más de la mitad de los estudiantes (63%) la han utilizado. Ver Figura 7.

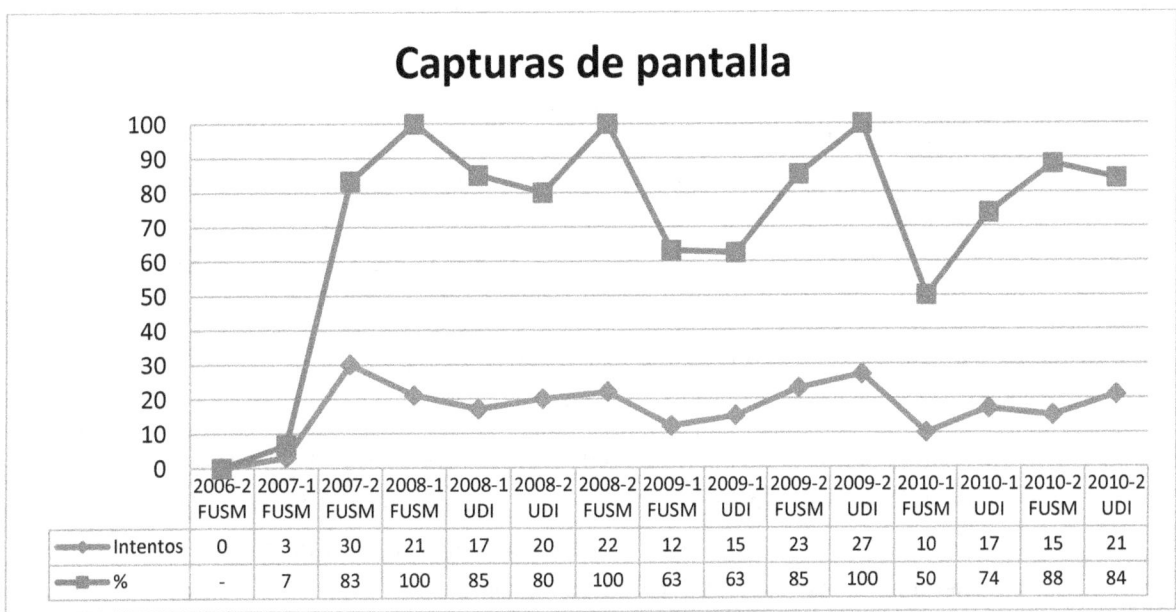

FIGURA 7. Captura de pantallas

Las técnica del **craqueo de software (software cracking)** al objeto evaluativo del aprendizaje ha sido de poca iniciativa tan sólo 20 intentos no exitosos se han podido detectar. Estos fallidos intentos representan menos del 5% de los estudiantes, y se presume que su poca popularidad sea producto de las restricciones autoimpuestas de los estudiantes o simplemente no se les ocurrió en el momento.

TABLA 10. CRAQUEO DE SOFTWARE

Periodo	Institución	No. Estudiantes	Cracking No exitoso
2008-1	UDI	20	2/20 = 10%
2010-1	UDI	23	7/23 = 30%
2010-2	FUSM	17	5/17= 29%
2010-2	UDI	25	6/25 = 24%
		Totales	**20/404 = 4.95%**

Podemos agregar, producto de los comentarios recibidos en retroalimentación por los estudiantes en cuanto al craqueo del objeto evaluativo de aprendizaje opinan que esta opción no la vislumbran, ya sea por el mismo estrés generado al contestar el examen o por la complejidad de la técnica de la herramienta.

De igual forma, se observa que los estudiantes necesitan mucha experiencia y fundamentación matemática para aplicar un proceso de **criptoanálisis** al archivo generado por el objeto evaluativo del aprendizaje. Tal vez por ello, esta técnica tenga bajos índices de aplicación, y sólo se ha presentado durante el año 2007. Lo anterior se muestra en la Tabla 11.

TABLA 11. CRIPTOANÁLISIS REALIZADOS

Periodo	Institución	No. Estudiantes	Criptoanálisis (No exitosos)
2007-1	FUSM	45	1/45 = 2%
2007-2	FUSM	36	2/36 = 5%
2010-1	UDI	23	2/23 = 9%
2010-2	FUSM	17	2/17 = 12%
2010-2	UDI	25	3/25 = 12%
		Totales	**10/404 = 2.4%**

Vale la pena mostrar en el presente trabajo, aunque el objeto evaluativo del aprendizaje no lo maneje, los intentos de **ingeniería social** que los estudiantes han realizado teniendo como víctima al docente, por una parte, y la otra, teniendo como víctima los estudiantes que ya han hecho la prueba. En lo referente a la ingeniería social aplicada al docente, se observa que la cantidad realizada es superior al criptoanálisis y al craqueo de software, pero bastante bajo y poco frecuente. No obstante, uno solo intento de ingeniería social que tenga éxito basta para que todos los estudiantes obtengan la información necesaria y el experimento no se dé en forma natural. Por fortuna ninguno de los intentos de ingeniería social ha tenido éxito gracias a las técnicas anti-ingeniería social usados por el docente. En la Tabla 12, se muestra un balance de lo ocurrido.

TABLA 12. INTENTOS DE INGENIERÍA SOCIAL

Periodo	Institución	No. Estudiantes	Ingeniería Social
2007-1	FUSM	45	5/45 = 11%
2007-2	FUSM	36	3/36 = 8%
2008-1	FUSM	21	4/21 = 19%
2008-2	FUSM	22	2/22 = 9%
2009-1	FUSM	19	4/19 = 21%
2009-2	FUSM	27	2/27 = 7%
2009-2	UDI	27	3/27 = 11%
2010-1	UDI	23	10/23 = 43%
2010-2	FUSM	17	8/17 = 47%
2010-2	UDI	25	1/25 = 44%
		Totales	**52/404 = 12.9%**

Se observa, además, que la ingeniería social es más apetecida por el estudiante de pregrado que por el estudiante de la especialidad, con una diferencia porcentual de alrededor de 5 puntos. En la Tabla 13 se detalla esta observación.

TABLA 13. INGENIERÍA SOCIAL POR NIVEL

Tipo de estudiante	No. Estudiantes	Ingeniería Social	Porcentaje
Pregrado	260	38	14.6%
Especialización	144	14	9.7%

En la Figura 8 se describe gráficamente el comportamiento de los intentos de ataque de ingeniería social teniendo como víctima al docente.

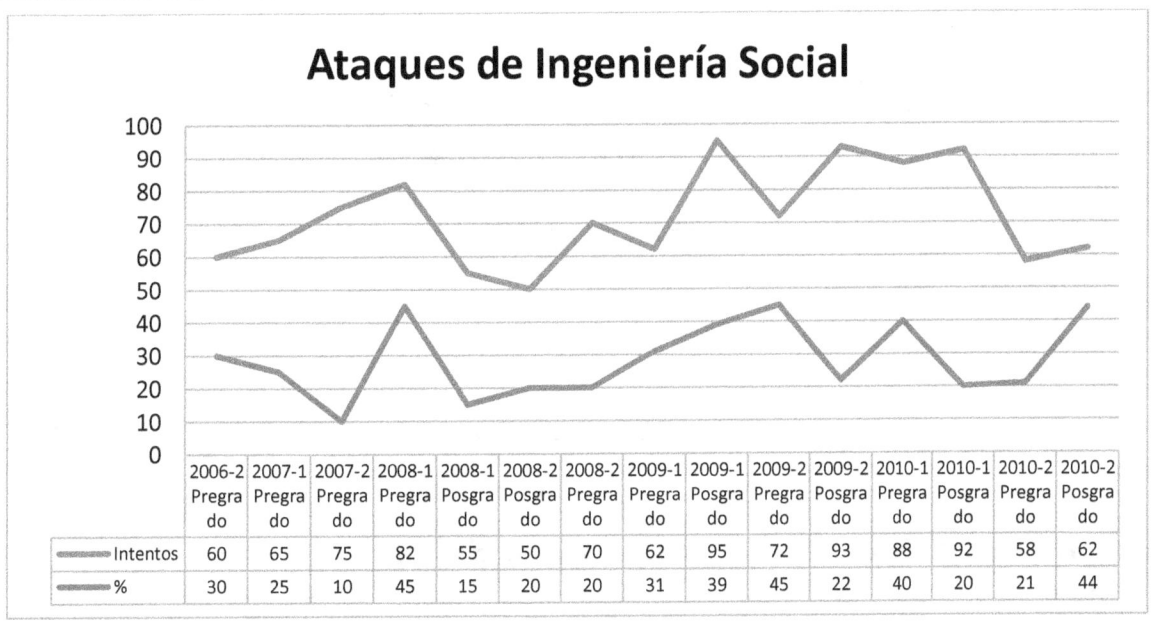

Ataques de Ingeniería Social

	2006-2 Pregrado	2007-1 Pregrado	2007-2 Pregrado	2008-1 Pregrado	2008-1 Posgrado	2008-2 Posgrado	2008-2 Pregrado	2009-1 Pregrado	2009-1 Posgrado	2009-2 Pregrado	2009-2 Posgrado	2010-1 Pregrado	2010-1 Posgrado	2010-2 Pregrado	2010-2 Posgrado
Intentos	60	65	75	82	55	50	70	62	95	72	93	88	92	58	62
%	30	25	10	45	15	20	20	31	39	45	22	40	20	21	44

FIGURA 8. Ataques de Ingeniería Social

Una situación curiosa ha ocurrido frente a la ingeniería social que debería ser aplicada a los estudiantes que ya han hecho la prueba, acontece que a los nuevos estudiantes que deben realizarla no se les ocurre preguntar a sus compañeros que ya cursaron el curso sobre este tema y se lamentan de no haberlo hecho cuando ya es tarde.

Finalmente, entre los resultados obtenidos se observó un caso especial en donde un ingeniero que cursaba la especialización en Seguridad Informática en el 2008-II logró "detener el tiempo" instalando el objeto evaluativo del aprendizaje en un sistema operativo de una máquina virtual y pausando la ejecución del sistema operativo virtual cada vez que era necesario, y así pudo tener el suficiente tiempo para buscar la respuesta por diferentes medios (Revisión de los artículos, búsqueda en Internet, preguntar a expertos, etc.) para resolver adecuadamente cada problema planteado.

Calculo de Intervalos de confianza

Estadístico a utilizar

Para calcular los intervalos de confianza de la cantidad de exámenes que realizaron los estudiantes, utilizamos la fórmula de estimación por intervalo de confianza de la media con Media poblacional desconocida [Berenson, 1996; Sección 10.3. pág. 334] basada en la distribución Student`s t. Los datos materia prima para realizar el cálculo se detallan en la Tabla 14.

TABLA 14. DATOS PARA EL CALCULO DE INTERVALOS DE CONFIANZA

Tipo de estudiante	Promedio realización exámenes	Desviación Estándar	Tamaño
Pregrado	5.267	1.655	9
Especialización	5.667	1.367	6
Todos	5.426	1.508	15

El estadístico a ser utilizado es el siguiente:

Media Muestral $\pm$ t_{n-1} (desviación estándar / (tamaño muestra) ^0.5)

Cálculo del Intervalo de confianza de la población General

Tenemos que:

n = 15; X_{Todos} = 5.426; T_{14} = 2.1448 (con un nivel de confianza del 95% y 14 grados de libertad); S_{Todos} = 1.508

Aplicando la fórmula: $X_{Todos} \pm T_{14} * S_{Todos} / (n)^\wedge 0.5$

= 5.426 $\pm$ (2.1448) * 1.508/ (15) ^ 0.5

= 5.426 $\pm$ 3.324 / 3.783

= 5.426 $\pm$ 0.835

Entonces, el intervalo de confianza es el siguiente: **4.591 <= U_{Todos} <= 6.261.** Este intervalo de confianza se describe en la siguiente Figura 9:

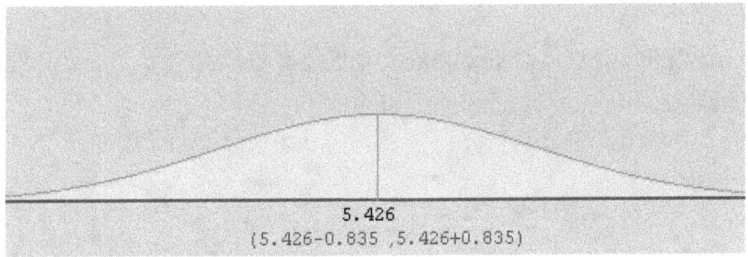

FIGURA 9. Intervalo de confianza de la Población General

Cálculo del Intervalo de confianza de los estudiantes de pregrado

Tenemos que:

n = 9; $X_{Pregrado}$ = 5.267; T_8 = 2.3060 (con un nivel de confianza del 95% y 8 grados de libertad); $S_{Pregrado}$ = 1.655

Aplicando la fórmula: $X_{Pregrado} \pm T_8 * S_{Pregrado} / (n)^{\wedge} 0.5$

= 5.267 ± (2.3060) * 1.655/ (9) ^ 0.5

= 5.267 ± 3.816 / 3.000

= 5.267 ± 1.272

Entonces, el intervalo de confianza es el siguiente: **3.994 <= $U_{Pregrado}$ <= 6.539** Este intervalo de confianza se describe en la siguiente Figura 10:

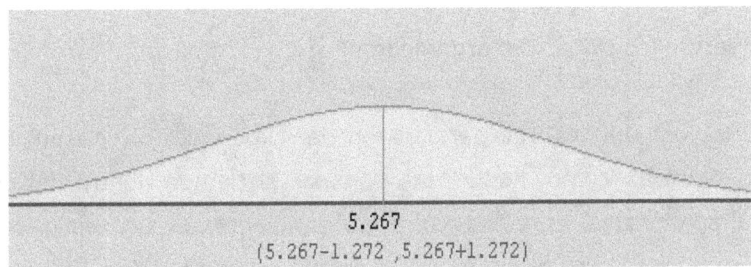

FIGURA 10. Intervalo de confianza de los estudiantes de pregrado

Cálculo del Intervalo de confianza de los estudiantes de Especialización

Tenemos que:

n = 6; $X_{Especialización}$ = 5.667; T_5 = 2.5706 (con un nivel de confianza del 95% y 5 grados de libertad); $S_{Especialización}$ = 1.367

Aplicando la fórmula: $X_{Especialización} \pm T_5 * S_{Especialización} / (n)^{\wedge} 0.5$

= 5.667 ± (2.5706) * 1.367/ (6) ^ 0.5

= 5.667 ± 3.514 / 2.449

= 5.667 ± 1.4345

Entonces, el intervalo de confianza es el siguiente: **4.2324 <= $U_{Especialización}$ <= 7.1015** Este intervalo de confianza se describe en la siguiente Figura 11:

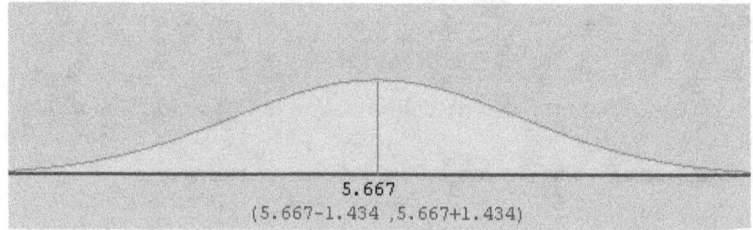

FIGURA 11. Intervalo de confianza de los estudiantes de especialización

Prueba de Hipótesis

En esta sección de exponen los argumentos necesarios para verificar la posibilidad de rechazar la hipótesis del presente proyecto. Recordemos el enunciado de la hipótesis formulada con anterioridad, a saber:

La motivación del uso de la creatividad por medio del uso de objetos evaluativos del aprendizaje influye en el desarrollo de destrezas y habilidades que permitan al estudiante proponer soluciones no tradicionales a problemas en el área de la Seguridad Informática.

A continuación, considérese los siguientes argumentos:

1. El 62.6% de los estudiantes que participaron del experimento hicieron uso de la técnica de **capturas de pantalla** cómo medio para dominar el tiempo dentro del escenario del objeto evaluativo del aprendizaje. En esta técnica los estudiantes de especialización sobrepasaron en 29 puntos porcentuales a los de pregrado en cuanto a su utilización.

2. La técnica del **craqueo de software (software cracking)** al objeto evaluativo del aprendizaje ha sido de poca iniciativa, tan sólo el 4.95% de los estudiantes se sintieron incentivados a usarla, debido, según sus propios comentarios, a restricciones autoimpuestas y complejidad de la técnica.

3. Se observó dentro del experimento que los procesos de **criptoanálisis** aplicado al archivo generado por el objeto evaluativo del aprendizaje se tuvo una incidencia del 2.4% debido a su complejidad.

4. Notable estuvieron en el experimento los intentos de **ingeniería social** por parte de los estudiantes hacia el docente (victima), Su participación dentro del experimento se representa con un 12.9% de los estudiantes.

5. La utilización de una máquina virtual que logró "detener el tiempo" de ejecución del objeto evaluativo del aprendizaje en el segundo semestre del 2008 que lo dejó indefenso hasta ese momento.

De estos cinco (5) argumentos podemos concluir que cerca del **83.85%** de los estudiantes que participaron (aproximadamente 339) se sintieron motivados a romper los paradigmas al utilizar la creatividad y lo aprendido en clase para resolver los problemas formulados por el objeto evaluativo del aprendizaje.

Todo este derroche de creatividad descrito en los párrafos anteriores, tiene como repercusión que en promedio los estudiantes obtengan un avance real de casi del doble en respuestas correctas al pasar de un promedio de 3.29 a 6.34, representando un incremento del 93%, es decir que el rendimiento pasa de un 36.5% a un 70.5%.

Finalmente, con estos argumentos expuestos, se finaliza la prueba de hipótesis, enunciando que **NO SE PUEDE RECHAZAR** la hipótesis formulada para el presente proyecto, y por lo tanto se afirma que:

La motivación del uso de la creatividad por medio del uso de objetos evaluativos del aprendizaje influye en el desarrollo de destrezas y habilidades que permitan al estudiante proponer soluciones no tradicionales a problemas en el área de la Seguridad Informática.

CONCLUSIONES Y TRABAJOS FUTUROS

Los objetos evaluativos del aprendizaje representan una alternativa para mejorar los procesos del aprendizaje y en especial en su evaluación. Esto como resultado del continuo monitoreo de actividades del estudiante al responder los problemas planteados, lo que puede orientar al docente, en primera instancia, a saber qué recursos utilizan los estudiantes, y en segunda, a mejorar la apropiación de conocimientos y competencias a partir de los resultados.

Los resultados obtenidos al utilizar el objeto evaluativo del aprendizaje (*OEASegInf)* en la temática de la seguridad informática se presentan entreverados. Por un lado las competencias interpretativas y argumentativas –que corresponden a la capacidad de saber y saber hacer– se logra ver un avance significativo a medida que el estudiante resuelve los problemas en casi el doble; y por otro lado, las que corresponden a las propositivas –el hacer– encontramos técnicas muy populares y otras no tanto a la hora de usarlas. De hecho, cerca del 84% de los estudiantes han utilizado alguna técnica para aumentar el tiempo para responder las preguntas o para burlar la seguridad del objeto evaluativo, lo cual indica que existe una tendencia de usar lo aprendido en clase, en cerca de dos tercios de los estudiantes en promedio. Por ello, podemos afirmar que el objeto estimula en un grado significativo la utilización de procedimientos y técnicas que desarrollan las competencias que se pretenden evaluar.

La estructura planteada en el presente trabajo de los objetos evaluativos del aprendizaje, su motor generador de problemas y su motor de evaluación de competencias, brinda la posibilidad de la reutilización en diferentes cursos sobre la temática de seguridad informática sin ningún tipo de actualización en periodos cortos de tiempo, contrario a lo que ocurre cuando generamos cuestionarios estáticos. Por tanto, el presente trabajo proporciona la oportunidad para extenderse a otras áreas del conocimiento.

Entre los trabajos futuros se encuentran: diseñar y desarrollar distintos objetos evaluativos del aprendizaje enfocados para evaluar otras temáticas de la ingeniería de sistemas y observar el comportamiento de los resultados. Luego es necesario extender el propósito anterior a otras áreas de conocimiento.

Mejorar el objeto evaluativo utilizado para ajustarlo a nuevas técnicas de ataque, esto producto de un análisis de riesgos (vulnerabilidades + amenazas), y con el fin de monitorear las nuevas formas de riegos.

BIBLIOGRAFÍA

[Alexander, 2007] Alberto G. Alexander. 2007. Diseño de un sistema de gestión de seguridad de información. Óptica ISO 27001:2005. Alfaomega Grupo Editor. 2007. 176 páginas: ISBN: 9586827133

[Arsham, 1995] Arsham, H. 1995. Interactive education: Impact of the internet on learning & teaching. DOI=http://UBMAIL.ubalt.edu/harsham/interactive.htm. Visitada el 12/03/2010

[Baryamureeba and Tushabe, 2004] Venansius Baryamureeba and Florence Tushabe. 2004. The Enhanced Digital Investigation Process Model. Disponible en la red: http://citeseerx.ist.psu.edu/viewdoc/download?doi=10.1.1.60.492&rep=rep1&type=pdf. Visitado: 26/11/2011

[Berenson, 1996] Berenson, Mark and Levine, David. (1996) Estadística básica en administración: Conceptos y aplicaciones.4 Ed. Prentice – Hall, México. 946 p.

[Caballero Pino, 2003] Caballero Pino, G. 2003. Introducción a la Criptografía. 2 Edición. Alfaomega Ra-Ma. México.

[Cano, 2009] Jeimy J. Cano M. Computación forense. Descubriendo los rastros informáticos. Alfaomega Grupo Editor, S.A. de C.V. (México, D.F.) 2009. ISBN: 9789586827676. páginas: 329.

[Casey, 2009] Eoghan Casey. Handbook of Digital Forensics and Investigation. ISBN-10: 0123742676 | ISBN-13: 978-0123742674 | Publication Date: November 9, 2009

[Díaz, Montero, & Aedo, 2005] Díaz, M, Montero, S & Aedo, I. 2005. Ingeniería Web y patrones de diseño. Universidad Carlos III Madrid. Prentice – Hall, Madrid. 409 p.

[Durán, 2010] Fernando Durán. Seguridad Informática en la Empresa: Teoría y Práctica de Seguridad para Empleados y Gerentes No Técnicos. 2010

[Friesen, 2001] Friesen, N. 2001. What are educational objects? Interactive learning environments, Vol. 9, No. 3, pp. 219-230.

[Hadnagy, 2011] Christopher Hadnagy. Ingenieria social / Social engineering: El Arte Del Hacking Personal / the Art of Hacking. Anaya Multimedia (June 30, 2011). ISBN-10: 8441529655. 400 pages

[Hurtado Carmona, 2011b] Dougglas Hurtado Carmona, "Teoría General de sistemas: un enfoque hacia la ingeniería de sistemas" En: Colombia 2011. ed:Lulu.com Enterprises ISBN: 978-1-257-78193-5 pags. 125

[Hurtado Carmona, 2011c] Dougglas Hurtado Carmona, "General System Theory: A focus on computer science engineering" En: Colombia 2011. ed:Lulu.com Enterprises ISBN: 978-1-257-78224-6 pags. 126

[Hurtado Carmona, 2011a] Dougglas Hurtado Carmona, "Análisis del desarrollo de competencias desde la enseñanza asistida por computador" En: Colombia 2011. ed:Lulu.com Enterprises ISBN: 978-1-257-81753-5 pags. 44

[Hurtado Carmona, 2011d] Dougglas Hurtado Carmona, "Analysis of skills development from computer-assisted teaching" En: Colombia 2011. ed:Lulu.com Enterprises ISBN: 978-1-257-81756-6 pags. 46

[Hurtado Carmona, 2010] Dougglas Hurtado Carmona, "Desarrollo de competencias en seguridad informática a partir de objetos evaluativos del aprendizaje" En: Colombia. 2010. Evento: X Jornada Nacional de Seguridad Informática ACIS 2010 Ponencia:Desarrollo de competencias en seguridad informática a partir de objetos evaluativos del aprendizaje Disponible en: http://www.acis.org.co/fileadmin/Base_de_Conocimiento/ X_JornadaSeguridad/ArticuloDouglasHurtado.pdf

[JOHANSEN, 1996] JOHANSEN B, Oscar. Introducción a la teoría general de sistemas, – Decimotercera reimpresión - Noriega Editores, 1996.

[Johnsonbaugh, 2005] Johnsonbaugh, R. 2005. Matemáticas dicretas.Sexta edición. Pearson Education. México. 696 pag.

[Kevin Mitnick, 2006] Diario el país – España 25/06/2006. Reportaje – Tecnología: Los mejores consejos de un 'superhacker', entrevista otorgada por Kevin Mitnick.

[Long, 2004] Johnny Long. Hacking con Google/ Hacking with Google (Hackers Y Seguridad / Hackers and Security) (Spanish Edition). Anaya Multimedia; 3ra edition (June 30, 2005)ISBN-10: 8441518513. 508 pages

[Maiorano y Fernández, 2009] Ariel Maiorano, Damián Fernández. Criptografía. Técnicas de desarrollo para profesionales. Alfaomega Grupo Editor, S.A. de C.V. (México, D. F.).2009. ISBN: 9789872311384. páginas: 276

[Mann, 2011] Mik Mann. 2011. Seguridad Informatica (Spanish Edition). Kindle Edition - Oct 13, 2011 - Kindle eBook

[McClure et al, 2010] McClure, Stuart, Scambray, Joel, Kurtz. George. 2010. Hackers 6: secretos y soluciones de seguridad de redes. McGraw Hill. México. 688 Pág.

[NIJ, 2001] National Institute of Justice. (July 2001) Electronic Crime Scene Investigation A Guide for First Responders https://www.ncjrs.gov/pdffiles1/nij/187736.pdf. Fecha de consulta: Noviembre 29 de 2011.

[NIJ, 2008] National Institute of Justice.(April 2008) Electronic Crime Scene Investigation A Guide for First Responders http://www.nij.gov/publications/ecrime-guide-219941/

[Sanz, Aedo, y Díaz, 2006] Sanz, Daniel, Aedo, Ignacio y Díaz, Paloma 2006. Un Servicio Web de Políticas de Acceso Basadas en Roles para Hipermedia.

DOI=http://www.ewh.ieee.org/reg/9/etrans/vol4issue2April2006/4TLA2_3Sanz.pdf. Visitada el 24/06/2009

[Vitturini et al, 2005]   Vitturini, M., Benedetti, L., y Señas, P. 2005. Filtros de corrección automática como objetos de aprendizaje evaluativos para sistemas educativos basados en la web. DOI=http://cs.uns.edu.ar/lidine/publicaciones/FCA%20como%20objetos%20de%20aprendizaje%20evaluativos%20para%20SEBW.pdf. Visitada el 14/06/2007

[Wiley, 2000]   Wiley, David. 2000. Learning Object Design and Sequencing Theory. Tesis doctoral no publicada de la Brigham Young University. DOI=http://davidwiley.com/papers/dissertation/dissertation.pdf. Visitada el 24/06/2009

[Wiley, 2001]   Wiley, D. 2001. Connecting learning objects to instructional design theory: A definition, a methaphor, and a taxonomy.

[Wiley, 2006]   Wiley, D. 2006 R.I.P. ping on Learning Objects DOI= http://opencontent.org/blog/archives/230   Visitada   el 14/06/2007

[Yong-Dal Shin. 2008]   Yong-Dal Shin. 2008. New Digital Forensics Investigation Procedure Model. This paper appears in: Networked Computing and Advanced Information Management, 2008. NCM '08. Fourth International Conference on Page(s): 528 - 531. Issue Date: 2-4 Sept. 2008. Volume: 1. 978-0-7695-3322-3/08 $25.00 © 2008 IEEE. DOI 10.1109/NCM.2008.116

[Zemanek, 2004]   Jakub Zemanek. Cracking sin Secretos: Ataque y defensa de software. RA-MA EDITORIAL. 2004. 391 Páginas

www.ingramcontent.com/pod-product-compliance
Lightning Source LLC
Chambersburg PA
CBHW081359170526
45166CB00010B/3144